BEI GRIN MACHT SICH IHR WISSEN BEZAHLT

- Wir veröffentlichen Ihre Hausarbeit,
  Bachelor- und Masterarbeit

- Ihr eigenes eBook und Buch -
  weltweit in allen wichtigen Shops

- Verdienen Sie an jedem Verkauf

Jetzt bei www.GRIN.com hochladen und kostenlos publizieren

Stephanie Töpert

Der Satz von Dilworth und der Satz von Hall

Die ausgewogene Besetzung von Gremien

GRIN Verlag

Bibliografische Information der Deutschen Nationalbibliothek:

Die Deutsche Bibliothek verzeichnet diese Publikation in der Deutschen National-
bibliografie; detaillierte bibliografische Daten sind im Internet über http://dnb.d-
nb.de/ abrufbar.

Dieses Werk sowie alle darin enthaltenen einzelnen Beiträge und Abbildungen
sind urheberrechtlich geschützt. Jede Verwertung, die nicht ausdrücklich vom
Urheberrechtsschutz zugelassen ist, bedarf der vorherigen Zustimmung des Verla-
ges. Das gilt insbesondere für Vervielfältigungen, Bearbeitungen, Übersetzungen,
Mikroverfilmungen, Auswertungen durch Datenbanken und für die Einspeicherung
und Verarbeitung in elektronische Systeme. Alle Rechte, auch die des auszugsweisen
Nachdrucks, der fotomechanischen Wiedergabe (einschließlich Mikrokopie) sowie
der Auswertung durch Datenbanken oder ähnliche Einrichtungen, vorbehalten.

Impressum:

Copyright © 2011 GRIN Verlag GmbH
Druck und Bindung: Books on Demand GmbH, Norderstedt Germany
ISBN: 978-3-656-18743-1

Dieses Buch bei GRIN:

http://www.grin.com/de/e-book/193635/der-satz-von-dilworth-und-der-satz-von-
hall

GRIN - Your knowledge has value

Der GRIN Verlag publiziert seit 1998 wissenschaftliche Arbeiten von Studenten, Hochschullehrern und anderen Akademikern als eBook und gedrucktes Buch. Die Verlagswebsite www.grin.com ist die ideale Plattform zur Veröffentlichung von Hausarbeiten, Abschlussarbeiten, wissenschaftlichen Aufsätzen, Dissertationen und Fachbüchern.

Besuchen Sie uns im Internet:

http://www.grin.com/

http://www.facebook.com/grincom

http://www.twitter.com/grin_com

Universität Kassel

FB 10: Fachwissenschaftliches Seminar I

SoSe 2011

Die ausgewogene Besetzung von Gremien

Satz von Dilworth & Satz von Hall

Stephanie Töpert

Lehramt für Haupt- und Realschulen
Fächer: Mathematik / Deutsch
6. Semester

Inhaltsverzeichnis

0. Vorwort

Die folgende Ausarbeitung erfolgt im Rahmen des fachwissenschaftlichen Seminars I (Modul 6, Studiengang L2) der Universität Kassel, das im Sommersemester 2011 unter der Leitung des Dozenten Robert Labus stattgefunden hat.

Wenn nicht anders erwähnt, basieren die mathematischen Grundlagen auf dem Paper von Bruno Bosbach, einem unveröffentlichten Manuskript der Universität Kassel.

1. Posets

1.1. Posets

Der Begriff „Poset" ist aus dem Englischen übernommen und steht für „Partially ordered set".
Ins Deutsche übertragen steht „Poset" folglich für eine teilweise geordnete Menge, auch für
eine Menge mit Halbordnung, Partialordnung, Teilordnung oder partielle Ordnung. Posets
gehören somit zu den Ordnungsrelationen, einem Teilgebiet der Mengenlehre.

Ordnungsrelationen sind binäre Relationen, das heißt, dass zwei Elemente einer Menge in
Relation zueinander stehen. Eine Ordnungsrelation, die üblicherweise durch das Symbol „$\leq$"
dargestellt wird, ordnet zwei Elemente einer Reihenfolge in einer Menge zu. Die
verschiedenen Ordnungen wie Halbordnungen, Quasiordnungen, totale Ordnungen etc. sind
durch bestimmte Eigenschaften gekennzeichnet, unter denen immer die Transitivität enthalten
ist.

Posets formalisieren die Anordnungen von Elementen einer Menge unter einer binären
Relation. Die Elemente von einem bestimmten Paar aus der gegebenen Menge werden durch
die binäre Relation geordnet, dabei geht ein Element jeweils dem anderen voraus. Eine Poset
besteht also aus einer Menge und einer binären Relation. Es handelt sich dabei um partielle
Ordnungen, da nicht alle Paare, die aus den Elementen gebildet werden können, in Relation
zueinander stehen müssen. Es ist also nur eine partielle Ordnung vorhanden.

Posets sind durch Reflexivität, Antisymmetrie und Transitivität gekennzeichnet. Eine genaue
Beschreibung liefert die folgende Definition:

1.2. Definition Poset

$(P, \leq) =: \mathcal{P}$ heißt eine *partiell geordnete Menge*, wenn für alle a, b, c $\in$ P gilt:

    i. $a \leq a$,   Reflexivität

    ii. $a \leq b$ und $b \leq a \implies a = b$ Antisymmetrie

    iii. $a \leq b$ und $b \leq c \implies a \leq c$.   Transitivität

Wenn $a \leq b$ und $a \neq b$ gilt, dann schreiben wir wie üblich $a < b$.

Neben den bekannten Sprechweisen „kleiner gleich" für „$\leq$" beziehungsweise „größer gleich" für „$\geq$" sind auch die Formulierungen „liegt unterhalb" oder „links von" beziehungsweise „liegt oberhalb" oder „rechts von" üblich.

1.3. Gegenbeispiele zu Posets

Um den Unterschied von Posets zu Mengen mit anderen Ordnungen zu verdeutlichen, wird hier kurz ein Gegenbeispiel erläutert.

Eine Quasiordnung stellt keine Poset dar, da hier zwar die Reflexivität und Transitivität gilt, nicht aber die Antisymmetrie.

Beispiel:

Die Relation „...ist verwandt mit... " ist eine Quasiordnung auf der Menge einer Familie:

P = Familie Müller   „ $\leq$ " = a ist verwandt mit b

    i. Hans ist verwandt mit Hans   Reflexivität

    ii. Hans ist verwandt mit Nina und Nina ist verwandt mit Hans

    $\not\Rightarrow$ Hans = Nina   (Widerspruch)   keine Antisymmetrie

    iii. Hans ist verwandt mit Nina und Nina ist verwandt mit Fred

    $\Longrightarrow$ Hans ist verwandt mit Fred   Transitivität

Das Beispiel zeigt, dass hier die Reflexivität und Transitivität erfüllt sind, jedoch ist diese Ordnung nicht antisymmetrisch, folglich stellt sie keine Halbordnung dar.

1.4. Typische Beispiele für Posets

Die nachfolgenden typischen Beispiele für Posets werden hier kurz aufgelistet und im Abschnitt 2, Ketten und Antiketten, ausführlicher aufgegriffen.

- Die Menge der natürlichen Zahlen betrachtet bezüglich der Relation „ist kleiner gleich"
- Die Potenzmenge einer Menge P betrachtet bezüglich der Relation „$\subseteq$" (Teilmenge)
- Die Menge aller Teiler von 30 betrachtet der Relation „teilt"

2. Ketten und Antiketten

2.1. Ketten und Antiketten

Gegeben ist eine Poset $\mathcal{P}$ mit einer Menge P und einer Relation „$\leq$". Lässt sich eine Teilmenge Q aus P (Q $\subseteq$ P) von der Relation „$\leq$" partial ordnen, dann bezeichnet man die Teilmenge Q als Kette. Wenn sich P komplett von der Relation „$\leq$" ordnen lässt, dann ist die Menge P total geordnet und wird Kette genannt.

Gilt hingegen für eine Teilmenge Q aus P (Q $\subseteq$ P) weder a $\leq$ b noch b $\leq$ a, dann heißt die Teilmenge Q Antikette.

Eine einelementige Menge T aus P (T $\subseteq$ P), auch singleton genannt, stellt gleichzeitig eine Kette und eine Antikette dar.

Die Länge einer Kette K $\subseteq$ $\mathcal{P}$ (beziehungsweise eine Antikette A) wird als maximal bezeichnet, wenn keine Kette (beziehungsweise keine Antikette) - echt - mehr Elemente enthält.

Da jedes singleton aus einer Poset $\mathcal{P}$ eine Kette darstellt, kann jede Poset $\mathcal{P}$ in paarweise disjunkte Ketten zerlegt werden. Die Länge einer Kettenzerlegung kann unterschiedlich sein. Wird eine Poset $\mathcal{P}$ in genau eine Kette zerlegt, so beträgt die Länge 1. Wird die Poset $\mathcal{P}$ hingegen in die einzelnen singletons zerlegt, dann ist die Kettenzerlegung von $\mathcal{P}$ maximal. Ihre Länge entspricht der Anzahl der in P enthaltenen Elemente.

Eine Poset $\mathcal{P}$ hat auch immer eine Zerlegung minimaler Länge. Diese Länge wird als k($\mathcal{P}$) bezeichnet. Bei der Zerlegung einer Kette in eine minimale Zerlegung muss auf eine geschickte Zerlegung geachtet werden. Das heißt, dass bei der Zerlegung kein Element ausgelassen oder doppelt verwendet wird. Zusätzlich muss die Zerlegung in disjunkte Ketten so erfolgen, dass jede einzelne Kette maximale Länge besitzt. Dadurch wird die Poset in eine minimale Anzahl von Ketten, k ($\mathcal{P}$), zerlegt.

Die minimale Länge einer Antikette entspricht der von einem singleton, sie ist Eins. Jede endliche Poset $\mathcal{P}$ besitzt auch Antiketten von maximaler Länge, sie wird als Dimension von $\mathcal{P}$, d($\mathcal{P}$), bezeichnet.

2.2. Definition

Sei $\mathcal{P}$ eine Poset. Gilt dann zusätzlich für alle Paare a, b aus P a $\leq$ b oder b $\leq$ a, so heißt $\mathcal{P}$ *total* oder auch *linear geordnet*, auch eine *Kette*.

Gilt hingegen für jedes Paar a $\neq$ b aus P weder a $\leq$ b oder b $\leq$ a, so heißt $\mathcal{P}$ eine *Antikette*.

2.3. Beispiele Ketten und Antiketten

2.3.1 Die Menge der natürlichen Zahlen betrachtet bezüglich der Relation „ist kleiner gleich"

P = IN

„ $\leq$ " = „…ist kleiner als…", „a $\leq$ b": „…ist kleiner als…"   }   unendliche Poset

Kette: $1 \leq 2 \leq 3 \leq 4 \leq …$

Bei diesem Beispiel handelt es sich um eine unendliche Poset, da die Natürlichen Zahlen IN unendlich sind. Da sich alle Elemente der Natürlichen Zahlen bezüglich der Relation „ $\leq$ " ordnen lassen, kann diese Poset als Kette bezeichnet werden. Die Zerlegungslänge beträgt Eins. Somit ist die maximale Länge einer Antikette Eins, das heißt Antiketten entsprechen hier singletons.

2.3.2. Die Potenzmenge einer Menge P betrachtet bezüglich der Relation „$\subseteq$" (Teilmenge)

P= {1,2,3}

„ $\leq$ " = „…ist Teilmenge von…", „a $\leq$ b": „a ist Teilmenge von b"   }   endliche Poset

P(P): { { }, {1}, {2}, {3}, {1,2}, {1,3}, {2,3}, {1,2,3}}

Diese Poset ist endlich, da die Menge P endlich ist. Die folgenden Ketten und Antiketten werden so gebildet, dass ihre Länge maximal ist und so die Zerlegungslänge minimal bleibt.

1. Kette: { } $\leq$ {1} $\leq$ {1,2} $\leq$ {1,2,3}

2. Kette: {2 } $\leq$ {3,2}

3. Kette: {3} $\leq$ {1,3}

> Denn es gilt für alle Paare a, b aus P: a $\leq$ b oder b $\leq$ a.

1. Antikette: { }

2. Antikette: {1}, {2}, {3}

3. Antikette: {1,2}, {1,3}, {3,2}

4. Antikette: {1,2,3}

> Denn es gilt für jedes Paar $a \neq b$ aus P weder $a \leq b$ oder $b \leq a$.

2.3.3. Die Menge aller Teiler von 30 betrachtet der Relation „teilt"

P= {1,2,3,5,6,10,15,30}

„$\leq$" = „...teilt...", „$a \leq b$": „...teilt..."

> endliche Poset

Auch in diesem Beispiel wird die endliche Poset so zerlegt, dass die Zerlegungslänge der nachfolgenden Ketten und Antiketten minimal ist.

1. Kette: $1 \leq 2 \leq 6 \leq 30$

2. Kette: $3 \leq 15$

3. Kette: $5 \leq 10$

> Denn es gilt für alle Paare a, b aus P: $a \leq b$ oder $b \leq a$.

1. Antikette: 1

2. Antikette: 2, 3, 5

3. Antikette: 6, 10, 15

4. Antikette: 30

> Denn es gilt für jedes Paar $a \neq b$ aus P weder $a \leq b$ oder $b \leq a$.

3. Satz von Dilworth

3.1. Robert Palmer Dilworth

Robert Palmer Dilworth wurde am 2. Dezember 1914 in Kalifornien, USA, geboren. Am California Institute of Technology (Caltech) machte Dilworth 1936 seinen Bachelor-Abschluss. 1939 promovierte er unter Morgan Ward und erhielt 1940 ein Forschungsstipendium an der Yale University. Hier war er von 1940 bis 1943 als Dozent tätig. Anschließend kehrte Dilworth an das California Institute of Technology zurück, an dem er bis zum Ende seiner Karriere Lehrbeauftragter war. Robert Dilworth verstarb am 29. Oktober 1993 in Kalifornien, USA.

Die Theorie von Verbänden sowie die Kombinatorik gehörten zu den Arbeitsbereichen von Robert Dilworth. Er beschäftigte sich unter anderem mit Ketten und Antiketten und setzte die minimale Länge einer Zerlegung in disjunkte Ketten mit der maximalen Länge einer Antikette in Zusammenhang.

3.2. Satz von Dilworth

Sei $\mathcal{P}$ eine endliche Poset.

Dann gilt: $k(\mathcal{P}) = d(\mathcal{P})$.

Die Anzahl disjunkter Ketten aus der Zerlegung minimaler Länge ist gleich der maximalen Länge einer Antikette, die auch als Dimension von P bezeichnet wird.

4. Die ausgewogene Besetzung von Gremien

4.1. Das Proporzproblem der Politik

Proporz ist die Kurzbezeichnung für Proportionalität und bezeichnet in der Politik die verhältnismäßige Verteilung von Sitzen in Regierungen, Gremien und Ämtern.

Das Proporzproblem der Politik stellt eine Schwierigkeit bei einer ausgewogenen Verteilung von Sitzplätzen in einem Entscheidungsgremium dar.

Der Satz von Dilworth bildet die Grundlage, sich dem Proporzproblem mathematisch anzunähern.

4.2. Beispiel Proporzproblem in einer Regierung

Es ist folgende Menge an Regierungsmitgliedern gegeben: {A, B, C, D}

Diese Regierungsmitglieder haben folgende Eigenschaften:

A: katholische Frau, jung

B: katholischer Mann, alt

C: protestantischer Mann, jung

D: protestantischer Mann, alt

Daraus ergeben sich die Teilmengen:

{A} nur Frauen

{B, C, D} Männer

{A, B} Katholiken

{C, D} Protestanten

{A, C} jung

{B, D} alt

Nun soll ein Gremium so besetzt werden, dass das Verhältnis der Regierungsmitglieder ausgewogen ist. Das heißt, kein Gremienplatz soll doppelt von einer Person besetzt werde, da sich sonst eine Machtkonzentration um diese Person bilden würde.

Nachfolgend werden unterschiedliche Gremien mit einer verschieden hohen Anzahl von zu verteilenden Plätzen mit Regierungsmitgliedern besetzt. Bei der Verteilung ist folgende Frage zu berücksichtigen: Ist es möglich, diese Gremien so zu besetzen, dass die Bedingungen erfüllt sind?

Gremium G1: Eine Frau soll einen Platz erhalten.

Gremium G2: Eine Frau und ein Mann sollen jeweils einen Platz erhalten.

Gremium G3: Eine alter und ein junger Mann sowie eine Frau sollen jeweils einen Platz erhalten.

Gremium G4: Ein alter und ein junger Mann, eine Frau und ein Katholik sollen jeweils einen Platz erhalten.

Gremium G5: Ein alter und ein junger Mann, eine Frau, ein Katholik und ein Protestant sollen jeweils einen Platz erhalten.

Die Frage, ob eine ausgewogene Verteilung der Gremienplätze auf die Regierungsmitglieder möglich ist, lässt sich mithilfe des Satzes von Hall beantworten, der aus dem Satz von Dilworth hervorgeht.

5. Satz von Hall

5.1. Satz von Hall

Sei $\mathcal{U} = \{$Ai $\mid 1 \le i \le n\}$ *eine endliche Familie von Teilmengen einer endlichen Menge M. Dann besitzt U genau dann eine Transversale, d.h.* ein System paarweise verschiedener Repräsentanten, *wenn je j viele* $(1 \le j \le n)$ *der Mengen aus* $\mathcal{U}$ der (HALLschen Bedingung) genügen:

$$| \text{Ai}_1 \cup \text{Ai}_2 \cup \ldots \cup \text{Ai}_j | \ge j.$$

5.2. Philip Hall

Der englische Mathematiker Philip Hall wurde am 11. April 1904 in London geboren. 1925 erhielt Hall seinen Bachelor-Abschluss am King's College in Cambridge. 1927 stellte Hall ein Essay über Gruppentheorien („The Isomorphisms of Abelian Groups") fertig, infolge dessen er ein Forschungsstipendium am King's College erhielt. Im Jahr 1933 wurde Hall Dozent in Cambridge. Philip Hall hielt 1939 auf der Göttinger Gruppen-Theorie-Konferenz einen Vortrag, zu dem ihn Helmut Hasse eingeladen hatte. Hall arbeitete während des Zweiten Weltkriegs als Kryptograph in Blechtley Park, um japanische und italienische Codes zu entschlüsseln. 1945 kehrte Hall nach Cambridge zurück, wurde hier 1949 Lektor und übernahm 1953 die Professur von Louis Mordell. Seinen Abschied vom King's College feierte Hall 1970. Am 30. Dezember 1982 verstarb Hall in Cambridge.

5.3. Beispiel Proporzproblem in einer Regierung

Daraus ergeben sich die Teilmengen:

$\{A\}$ nur Frauen

$\{B, C, D\}$ Männer

$\{A, B\}$ Katholiken

$\{C, D\}$ Protestanten

$\{A, C\}$ jung

$\{B, D\}$ alt

$$| \text{Ai}_1 \cup \text{Ai}_2 \cup \ldots \cup \text{Aij} |$$

Wir untersuchen unser Beispiel auf die HALLsche Bedingung.

HALLsche Bedingung: $\quad j \leq |\ A_{i1} \cup A_{i2} \cup \ldots \cup A_{ij}$

Dabei bedeutet im Folgenden $a \leq b$:

a   ist die Anzahl der zu verteilenden Plätze im Gremium

b   ist die Anzahl der Personen, die mindestens für einen Gremiumplatz infrage kommen

Zu verteilende Gremienplätze:

Gremium G1: Eine Frau soll einen Platz erhalten. $1 \leq 4$

Gremium G2: Eine Frau und ein Mann sollen jeweils einen Platz erhalten. $2 \leq 4$

Gremium G3: Eine alter und ein junger Mann sowie eine Frau sollen jeweils einen Platz erhalten. $3 \leq 4$

Gremium G4: Ein alter und ein junger Mann, eine Frau und ein Katholik sollen jeweils einen Platz erhalten. $4 \leq 4$

Gremium G5: Ein alter und ein junger Mann, eine Frau, ein Katholik und ein Protestant sollen jeweils einen Platz erhalten. $5 \nleq 4$

6. Der Heiratssatz

6.1. Heiratssatz

Sei h die Anzahl der Herren auf einer Party, d die Anzahl der Damen. Dann kann jeder der Herren eine ihm bekannte Dame „heimführen", wenn j ($1 \leq j \leq h$) viele Herren jeweils gemeinsam mindestens j viele der Damen kennen.

6.3. Beweis

Bezeichnen wie die Menge der mit einem Herren A jeweils bekannten Damen mit D(A), so bildet die Menge aller dieser D(A) ein Mengensystem im Sinne des Satzes von HALL, weshalb es eine Transversale gibt, d.h. eine Menge von Damen, so dass aus den einzelnen D(A) paarweise verschiedene Damen gewählt werden können, also jeder Herr in der Tat eine ihm bekannte Damen „heimführen" kann. □

6.2. Beispiel Heiratssatz

Sei {A,B,C,D} eine Menge vom vier Herren. Sei {Nina, Jutta, Lisa} eine Menge von drei Damen.

Menge der mit einem Herren bekannten Damen:

D (A) = {Nina, Jutta, Lisa}

D (B) = {Jutta, Lisa}

D (C) = {Nina, Lisa}

D (D) = {Lisa, Jutta, Nina}

$$| D(A) \cup D(B) \cup D(C) \cup D(D) | = 3$$

Das heißt, die Anzahl der den vier Herren bekannten Damen ist gleich drei.

$j = 1$: Mann A: Nina $1 \leq 3$

$j = 2$: Männer A & B: Nina, Jutta $2 \leq 3$

$j = 3$: Männer A & B & C: Nina, Jutta, Lisa $3 \leq 3$

$j = 4$: Männer A & B & C & D: eine Frau müsste doppelt verheiratet werden $4 \nleq 3$

Hier sind also die Voraussetzungen von dem Heiratssatz nicht erfüllt. Daher findet er hier keine Anwendung.

7. Literaturverzeichnis

- Bosbach, Bruno: Ordnungs-Module 1997/2003/2008. S. 17-24. (unveröffentlichtes Skript der Universität Kassel)

- http://de.wikipedia.org/wiki/Ordnungsrelation#Halbordnung (10.05.2011)

- http://de.wikipedia.org/wiki/Quasiordnung#Beispiele_und_Gegenbeispiele (10.05.2011)

- http://de.wikipedia.org/wiki/Antisymmetrische_Relation#Beispiel (11.05.2011)

- http://de.wikipedia.org/wiki/Robert_Dilworth (12.05.2011)

- http://www.gap-system.org/~history/Biographies/Dilworth.html (13.06.2011)

- http://de.wikipedia.org/wiki/Proporz (13.06.2011)

- http://www-history.mcs.st-and.ac.uk/history/Biographies/Hall.html (13.06.2011)